Guy De Maxence AFANDA

DISCOURS EXTREMES DE PHYSIQUE MATHEMATIQUE

PREMIER DISCOURS

Il s'agit ici, de disserter sur la théorie de la dualité, en étudiant les deux thèses suivantes :

    i)   L'invariance de la définition d'une chose
    ii)   La relativité nécessaire des modes d'une chose.

*

Pour la première thèse, souvenons-nous que dans un système de référence S, la position d'un mobile M est classiquement déterminée ainsi : $(\partial s)^2 = (\partial x)^2+(\partial y)^2+(\partial z)^2$,par rapport aux axes d'espace orthogonaux. De façon générale, cette position est : $\partial s = (\partial x, \partial y, \partial z)$, ou : $\partial s = (\partial x, \partial y, \partial z, c\partial t)$, t étant le temps indiqué par l'horloge du système, élément du repère espace-temps.

Dans le système de référence S', M est localisé de la façon suivante : $\partial s' = (\partial x', \partial y', \partial z', c\partial t')$. Il y a donc différence si :

$\partial s - \partial s' = (\partial x-\partial x', \partial y-\partial y', \partial z-\partial z', c\partial t-c\partial t')$

$ = [\partial(x-x'), \partial(y-y'), \partial (z-z'), c\partial(t-t')]$

$ = \partial(s-s')$

$ = \partial s''$

$ = (\partial x'', \partial y'', \partial z'', c\partial t'')$

Le résultat est encore une longueur ; donc toutes les longueurs ont la même définition dans tous les systèmes de référence possibles.

Il en est de même de tout autre phénomène ρ, défini ainsi : $\rho = \rho \times 1$. Dans un cas, $\rho = \rho \times 1$, dans un autre cas, ρ apparaît ainsi : $\rho' = \rho' \times 1$. La différence est : $\rho - \rho' = \rho \times 1 - \rho' \times 1 = (\rho - \rho') \times 1$; l'énoncé de la définition conserve sa structure ; autrement dit, la définition d'une chose est absolue ; elle est la même partout ; elle est indépendante du système de référence où elle est formulée.

*

Pour la deuxième thèse, nous allons écrire ρ par rapport à S ainsi : $\rho \parallel S$. A côté, ayons : $\rho \parallel S'$. L'opération : $\rho \parallel S - \rho \parallel S' = \rho \parallel S - S'$, pose un problème de non-équivalence de deux lieux de référence identiques ou confondus. L'expérience et l'observation indiquent plutôt d'écrire : $\rho \parallel S - \rho \parallel S' = \rho - \rho' \parallel S - S'$

Autrement dit, $S - S' = 0$, pose bien nécessairement : $\rho = \rho'$. De plus :

$$\rho \times 1 \parallel S - \rho \times 1 \parallel S' = (\rho - \rho') \times 1 \parallel S - S'$$

Le résultat rappelle la conclusion du premier sous-exposé.

Ici, il faut plutôt noter que l'invariance de la définition fait la nécessité de la variation du mode avec le changement de lieu de référence. Donc ici : l'invariance est le principe du changement ; en d'autres termes, les modes d'une chose sont nécessairement relatifs.

*

Il en découle pour la suite, que toute chose est une combinaison d'absolu et de relatif, c'est-à-dire de permanent et de passager, ou d'inamovible et d'amovible.

Il en est de même pour la vitesse ; elle ne peut être définie que d'une seule façon, mais peut se présenter dans toutes les mesures possibles. Car : $v \parallel S\text{-}v \parallel S' = v\text{-}v' \parallel S\text{-}S'$

La vitesse de la lumière qui n'est qu'un mode de la vitesse, ne peut donc pas être invariante. L'expérience abonde d'indices à ce sujet. Même dans le vide, cette vitesse ne peut garder sa constance par rapport à deux systèmes de référence différents. Considérons en effet la figure suivante dans le vide :

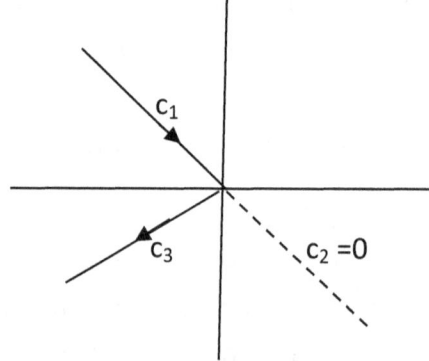

Le rayon lumineux qui arrive sur l'obstacle est réfléchi ; par observation, cela est arrivé parce que le rayon a d'abord été arrêté avant d'être dévié ; par analyse, le rayon a été dévié parce que la vitesse a la même définition partout.

Le temps aussi, du simple fait qu'il est une chose, obéit à la dualité absolu-relatif de toutes choses. En effet, il est apparu pertinent de faire changer la mesure du temps selon le mouvement des systèmes de référence. En fait, il faut coller le temps au principe de la relativité que nous reprécisons plus loin. En effet :

1) cas1

Concevons un observateur extérieur et un système de référence mobile dans lequel se meut un objet dans la même direction. Le système se meut à la vitesse v, et l'objet à la vitesse V ; l est la distance parcourue par l'objet par rapport à l'observateur extérieur, s celle parcourue par le système de référence ; t est le temps à l'extérieur du système de référence mobile et θ le temps à l'intérieur. Les thèses de relativité exigent donc d'écrire :
$$\begin{cases} \Delta l = l - s \\ \Delta \theta = \theta - t \\ \Delta V = V - v \end{cases}$$
il en découle : $\Delta^2 l = \Delta l - \Delta s = (V-v)\Delta t = \Delta V \Delta t$, puis, u étant la vitesse de l'objet à l'intérieur du système de référence, par équilibre : $\Delta^2 l = -u\Delta^2 \theta$. Il en provient :

$u\Delta\theta = (u + v - V)\Delta t$, donc : $V = u+v-u\Delta\theta/\Delta t$.

2) cas 2

Pour deux observateurs qui se déplacent l'un par rapport à l'autre,

$\Delta^2 l = u\Delta\theta - v\Delta t$. En partant de la base que chacun des observateurs se déplace à la vitesse v et l'autre à la vitesse u, $\Delta^2 l = \Delta u \Delta t + u\Delta^2\theta = V\Delta t$, $\Delta u = u-v$; V prise pour la vitesse apparente du mobile extérieur.

Le principe général de la relativité est bien que : l'invariant est le lieu du changement ; autrement dit : tous les lieux de référence sont indépendants pour l'observation et équivalents pour la définition des phénomènes.

Ainsi, lorsque le grand Newton observe une pomme qui tombe dans son jardin, et lorsque le passager observe un anneau qui glisse à rebours dans un bus qui démarre, ils observent le même phénomène dans deux lieux différents ; c'est la gravitation du lieu. De même, lorsqu'un garçon imprudent tombe d'un arbre, et lorsqu'un passager est poussé vers l'arrière lors du démarrage du bus, les deux subissent le même phénomène : la gravitation du lieu (la planète ou le bus).

En effet, lorsqu'un objet est mû, le mouvement se mesure selon la distance s telle que : $\partial s = v\partial t = \partial(vt) - t\partial v$. En allant plus loin, nous avons : $\partial s = \partial(vt) + gt\partial t$, où g est la gravité. En dynamique, nous avons la course $\vec{\Gamma}$ telle que : $\vec{\Gamma} = \int \vec{p}\, \partial t$, où $\vec{p}$ est la lancée (le vecteur quantité de mouvement) du bolide. Par analyse :

$\partial \vec{\Gamma} = \partial(\vec{p}t) - t\partial\vec{p} = \partial(\vec{p}t) + \vec{P}t\partial t$, où $\vec{P}$ est le poids induit dans le bolide ; c'est le poids relativiste. Nous notons que la gravitation est un phénomène de la dynamique. Par observation, la gravitation est égale et opposée à l'impulsion imprimée, elle est la réaction à l'impulsion reçue.

Cela pousse à noter que si la loi de l'attraction universelle de Newton est considérée, alors, lorsque le soleil est à l'Est, les choses doivent tomber vers l'Ouest, lorsqu'il est au zénith les choses doivent tomber vers le bas, lorsqu'il est à l'Ouest, les choses doivent tomber vers l'Est, et lorsqu'il est au nadir, les choses doivent tomber vers le haut. De plus, en écrivant bien que : $\vec{g} = -\partial \vec{v}/\partial t$, il ressort que la force de Coriolis n'est rien d'autre que la composante tangentielle du champ de pesanteur et donc de la gravitation terrestre.

*

Pour la mécanique céleste, nous partons du préalable qu'une troupe matérielle centrée est soudée selon la relation :

$$\sum m_i \vec{G_i G} = 0$$; lorsqu'elle est mobile, elle se meut autour d'un centre de courbure C ainsi : $$\sum m_i \vec{GC} = \sum m_i \vec{G_i C}$$. C est ainsi le centre de courbure commun de toutes les orbites. Une façon d'utiliser la relation précédente, consiste à noter que pour chaque élément, $m_i \vec{G_i C} = m_i d_i \vec{n}_i$, est la course virtuelle ; il y a donc révolution si : md=Cte ; si : la position de l'astre mobile autour du centre de courbure est inversement proportionnelle à sa masse.

Il y a système si les éléments du système sont liés par un des caractères suivants au moins :

i) Vitesses égales dans le même sens
ii) Centres de courbure confondus (comme dans le cas de la mécanique céleste).

Le soleil est l'astre le plus proche du centre de courbure du système solaire.

DISCOURS SECOND

D'où vient la lumière, qu'est-elle ?

Selon les acquis, la masse de l'électron est : m=ev, où v est sa vitesse. La formule montre que l'électron est essentiellement mobile lorsqu'il existe. Il est observable en effet, que plus l'électron va vite, plus est énergique et sensible. Dans le cas du positon (e=e$^+$), l'écriture : m=e$^+$v, indique formellement autre chose que celle-ci dans le cas du négaton : m=-e$^-$v, qui indique une attraction, un magnétisme, car : e$^-$v = -m ; or : -(-m), indique un cycle expressif ici d'une activité magnétique ; autrement dit, le négaton est magnétique, et le positon est diamagnétique. D'ailleurs, par analyse complémentariste ou encyclopédiste, à savoir que tout déplacement s'effectue selon deux extrémités : l'amont et l'aval ; le mouvement est fugitif si la distance croît, alors que dans le cas du mouvement approximatif la distance diminue. Aussi nous avons : s+ $\overline{s}$=D, soit : v∂t+v⁻∂t = ∂D, avec : v=v$^+$, la vitesse, et v⁻ l'imminence. Donc : m=e⁻v⁻, est bien valable aussi. Alors deux choses :

1°) lorsque la masse augmente, elle augmente avec la vitesse ; plus profondément encore, en écrivant : E=ev^3, l'énergie mécanique de l'électron, la quantité de mouvement telle que : p^2=Eev=m^{2}v^2, il y a : m^3=Ee^2, et : m^2=pe.

Aussi, si nous considérons toute masse comme un complexe : m=∑m$_i$, nous avons alors : m^3=(∑m$_i$)^3=∑m$_i$^{3} +... ; et au bout : m^3=Eq^2=F$_c$R$_\alpha$q , où E est l'énergie latente, q la somme des charges latentes, F_c l'intensité de l'interaction forte et R_α la radioactivité inhérente.

En chimie donc, les réactions s'effectuent selon la somme des masses cubiques. Par exemple, pour la formation de l'eau, à partir de : 2H+O $\longrightarrow$ H$_2$O, donc : m_{H_2O} =m_{2H}+m_O , il y a réaction si : $2m_H^2 m_O + m_H m_O^2 = 0$.

2°) lorsqu'un positon et un négaton se rencontrent, il y a formations selon l'équation : $m_1+m_2=e^+v_1^- - e^-v_2^- = e^+v_2^- - e^-v_1^-$, donc :

$e^+(v_1+v_2) = e^-(v_1^- + v_2^-)$, avec :

$$\begin{cases} e^-(v_1^- + v_2^-) = 2\sqrt[4]{hbe^3} = 2h\nu/c^2 \\ e^+(v_1 + v_2) = 2\sqrt[3]{hei} = 2h\nu/c^2 \end{cases}$$

D'où nous tirons : $h\nu i = be^2 c^2$, où : $ec=\mu$, est la masse de l'ultraélectron (électron se déplaçant à la vitesse de la lumière).

Par rapport à ce deuxième cas, le rapport de l'électricité et du magnétisme est saisissable à l'aide de l'oscillateur :

$$\Omega_\omega = \frac{a''}{a} + \frac{1}{a}\left(\frac{\partial a\omega}{\partial t} + a'\omega\right)j - \omega^2.$$

Son influence D est structurée ainsi : $\partial D = \Omega_\omega \partial d$, où d est la distance à l'oscillateur. Par analyse, il ressort :

$$\begin{cases} \partial B = -\omega^2 \partial d & (magnétisme) \\ \partial C = \dfrac{a''}{a}\partial d & (la\ modulation) \\ \partial A = \dfrac{1}{a}\left(\dfrac{\partial a\omega}{\partial t} + a'\omega\right)j\partial d & (électricité) \end{cases}$$

Donc : ∂D=∂A+∂B+∂C. Avec alors : D=A+B+C, montre que le magnétisme isolé comme celui de l'aimant est établi pour : A=0. Les phénomènes d'électromagnétisme sont donc en fait des phénomènes complets.

Ces phénomènes conduisent à saisir que la lumière est l'effet de l'état maximal d'excitation là où elle survient. Car, est-elle propagation de particules ou propagation d'ondes ?

Trois phénomènes nous montrent la voie :

i) Le double phénomène de réflexion et de réfraction de la lumière
ii) La disparition immédiate de la lumière avec la disparition de la source
iii) La diminution de l'intensité de la lumière avec la distance.

Le double phénomène de réflexion et réfraction s'explique dans le cadre général de la double diffraction qui survient lorsqu'un bolide rencontre un obstacle ; il y a action et réaction. Il y a diffraction lorsque le bolide incident ou arrivant est dévié par la réaction créée. Il y a aussi codiffraction ou réfraction, lorsque l'obstacle subit l'action créée par le contact avec l'assaillant.

Mathématiquement, le bolide arrivant a la course $\vec{\Gamma}$. Au contact, survient : $\Delta\vec{\Gamma} = \vec{\Gamma}' - \vec{\Gamma}$, et : $\vec{A}_{M/\Omega} = -\vec{A}_{\Omega/M}$ (l'action du bolide M sur l'obstacle Ω). Or : $\Delta^2\vec{\Gamma} = \Delta\vec{\Gamma}' - \Delta\vec{\Gamma} = \Delta\vec{p}\Delta t$; par lien de causalité : $\Delta^2\vec{\Gamma} \equiv \vec{A}_{\Omega/M}$, pour indiquer l'effet de la réaction de l'obstacle sur la trajectoire du bolide incident. Où est passé $\vec{A}_{M/\Omega}$? Par lien de causalité, il revient ainsi :

$\vec{A}_{M/\Omega} \equiv -\Delta^2\vec{\Gamma} = \Delta[\rho S \vec{N} e \Delta e]$, où S est la surface de contact, e l'épaisseur de l'obstacle, ρ sa masse volumique, et $\vec{N}$ la normale réceptrice de S.

Ces phénomènes peuvent être illustrés ainsi :

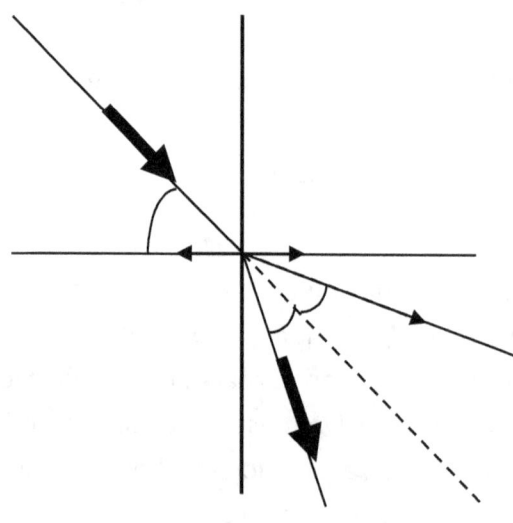

Ils relèvent en fait du phénomène général : l'interdiffraction, à son apogée avec le choc élastique ; le principe d'Archimède n'en est qu'une variante, à savoir que : tout bolide ou toute chose qui rencontre une autre agit, et est dévié ou refoulé selon la réaction créée. Avec pour l'arrivant M : $\Delta^2 \vec{\Gamma}_M \equiv \vec{A}_{\Omega/M}$, et donc pour l'hôte : $\Delta^2 \vec{\Gamma}_\Omega \equiv \vec{A}_{M/\Omega}$, alors : $\Delta^2 \vec{\Gamma}_M + \Delta^2 \vec{\Gamma}_\Omega = 0$.

La diminution de l'intensité de la lumière avec la distance montre ou indique que la lumière ne se déplace pas en ligne droite, mais en ligne courbe, pareillement à de l'eau émise par projection. La courbure est obtenue mathématiquement en prenant la constante h de Planck comme l'intensité d'un moment cinétique, la cinétique du photon particulaire n'y sied pas, puisqu'il faudrait alors écrire : hλ=hdsinα. Plutôt, écrivons : h=$p_\lambda$dsinα=$m_\lambda d^2 \omega$, où m_λ est la masse ondoyante et ω le digressement, m_λ=$\rho S \lambda$, ω=$2\pi h / m_\lambda S$, ρ est la masse volumique du milieu en contact avec la source lumineuse et S la surface de contact. Avec ici : p_λ= $m_\lambda v_\lambda$= $m_\lambda c$, il vient :

$$m_\lambda S c \sin\alpha = 2\pi h d .$$

Ces remarques expliquent l'émerveillement songeur que vécut Descartes, lorsqu'il devait noter qu'un obus tiré dans l'eau bien fluide est seulement dévié, alors qu'en projetant de la lumière dans la même eau, la lumière prend concomitamment deux directions différentes : la réflexion et la réfraction. Il est simplement indiqué que la lumière se propage par contigüité, donc de façon plastiforme. Elle se propage par transmission à travers un milieu contigu à la source de la façon suivante : hv =$m_\lambda c^2$, car la radioactivité de la source se faisant à la fréquence f, il y a formation d'ondelettes (particules d'ondes) dans le milieu transparent à la fréquence d'émission v. Alors, λ=c/v, est la longueur de l'ondelette et : ε=c/f, est l'amplitude de vibration de la source. La distance entre deux ondelettes successives est δ telle que : fδ=εv. La lumière se propage donc de façon ondulettatoire, par succession d'ondelettes ou d'ondules particulaires. Pour la mécanique, il faut introduire l'énergie radioactive : hf=kθ, où k est la constante de Boltzmann et θ la température d'irradiation. L'énergie totale fournie par phase est alors : $E = h\sqrt{f^2 + v^2} = c\sqrt{ekc\theta}$.

TROISIEME DISCOURS

L'action est-elle possible sans contact ?

D'après les caractéristiques d'une force : point d'application, sens, direction et intensité, il apparaît illusoire d'avoir une action, un changement quelconque sans contact ; une chose isolée ne change pas.

Le transit entre l'inertie et le changement s'avère donc nécessaire comme le contact de l'agent et du sujet. L'agent en appliquant une force exerce une pression qui passe pour le contenu-même du contact nécessaire pour l'exercice de la force. Au sens pascalien, la pression est l'application d'une force ou d'un champ de forces sur une surface. La surface étant orientée en sens inverse, la pression est : p=-F|cosθ|/S, θ est la direction de la force appliquée par rapport à la direction de la normale de la surface. Il y a glissage lorsque : cosθ=0. C'est plutôt la quantité : -p ; l'incisivité ou l'acuité, qui indique immédiatement le niveau de la pression. La taille de la pénétration est h telle que : Fh=pV ; où V est le volume déplacé.

Lorsqu'un objet A agit sur un objet B, il survient :
$$\begin{cases} \vec{F}_{A/B} = p_{A/B} S_B \vec{N}_B \\ \vec{F}_{B/A} = p_{B/A} S_A \vec{N}_A \end{cases}$$

Donc : $p_{A/B}S_B = p_{B/A}S_A$.

Il y a contrainte lorsque la pression de l'agent augmente ; la contrainte est donc l'augmentation de la pression. Il y a efficacité lorsque la pression diminue pendant l'action. Chaque fois, le changement de la pression s'effectue selon l'équation :

$\partial p = \rho \Omega_\omega \partial S$; la déformation est nécessaire, les oscillations aussi ; les formations orogéniques ou ondatoires, comme les formations de failles, sont autant de phénomènes liés à la variation de la pression, selon les différents cas proposés par l'équation de la modification de la pression.

Plus encore, la variation de la pression est inhérente à la relation fondamentale de la dynamique ; oui, avec : $\sum \vec{F}_{ext} = \Sigma \vec{N}_i p_i S_i$, et : $\Delta E_c = \sum \vec{F}_{ext} \Delta \vec{OM} = \Delta p \Delta V$; or : $\Delta V = S\vec{N} \cdot \Delta \vec{OM}$, est le volume déplacé ; donc bien : $\sum \vec{F}_{ext} = \vec{N} S \Delta p$.

Pour un mobile particulier de masse m, nous découvrons avec :

$\Delta m = \rho \Delta V + V \Delta \rho + \Delta \rho \Delta V$

$\Delta p \Delta m = \rho \Delta E_c - \frac{1}{2} \rho m \Delta v^2 = i^2 \partial v / \partial t$, où nous reconnaissons le courant électrique i, et implicitement la pression cinétique : $-\frac{1}{2}\rho v^2$. Elle est à distinguer du frottement : le déplacement de la pression. Si la pression se déplace dans le sens $\vec{AB}$, le frottement est : $\vec{f} = p\vec{AB}$.

Pour la thermodynamique, il faut repartir avec Δm, et arriver à :

ΔpΔm=ρ(ΔE$_c$-ΔQ-ΔQΔE$_c$/VΔρ), où Q est la chaleur. En rapport avec la température θ, ajoutons : ΔQ=ΔθΔV , car la température se manifeste comme une pression.

*

Comment expliquer alors l'attraction et les actions à distance ? La projection et la transmission (la médiation) apparaissent aussitôt à l'esprit. Dans les cas où le relai n'est pas continu (la corde, le lasso ou autre), la nécessité du contact (selon la définition de l'action) exige la conception de l'action émise, sous la forme :

$$p = \vec{F}_{émise} / (S\vec{N})_{atteinte}$$; la pression exercée ici est l'application de la force émise sur la surface atteinte.

Ici, pour l'étude formelle sur la téléaction (transitive ou émissive), il faut distinguer les charges télétactiques (ou les demandes) i j k et autres, et distinguer les positions P$_m$. Aussi, pour la poussée à distance, nous écrivons :

$$i P_1 \vec{P}_m = j P_m \vec{P}_n$$. Lorsqu'il y a médiation, nous avons :

$$i P_1 \vec{P}_2 + i P_2 \vec{P}_m = j P_m \vec{P}_n$$

Donc : $$i P_1 \vec{P}_2 + (i+j) P_2 \vec{P}_m = j P_2 \vec{P}_n$$

Nécessairement ici, il y a variation de la charge sous la forme :
$$i P_1 \vec{P}_m = \Delta i P_m \vec{P}_n$$

Il y a retour de la charge ou attraction, lorsqu'il y a :

$i P_1 \vec{P_2} P_1 = (i-j) P_1 \vec{P_2}$. Il apparaît nécessairement j, la charge implicite ou alors induite. Autrement dit, il faut noter qu'avec tantôt : j=i+Δi, la variation de la charge passe pour nécessaire pour l'existence de l'attraction, de sorte que : $i P_1 \vec{P_2} P_1 = \Delta i P_2 \vec{P_1}$. En fait, il faut considérer que dans tous les cas, la charge varie nécessairement.

Il y a interaction lorsque : $i P_1 \vec{P_2} = j P_2 \vec{P_1}$

*

La somme des pressions est une pression. Ainsi : $\sum p_i = p_{\Sigma i}$; par exemple : $p_A + p_B = p_{A+B}$. En revanche, la différence de deux pressions est une pression dans un sens et une acuité dans l'autre. Ou plutôt l'opposition d'une dépression (impulsion) et d'une contrainte (compression). De façon générale, en utilisant les frottements ainsi :
$$\begin{cases} \vec{f}_A = p_A \Delta \vec{OA} \\ \vec{f}_B = p_B \Delta \vec{OB} \end{cases}$$ nous observons que :

$$\vec{f}_A + \vec{f}_B = (p_B - p_A)\Delta \vec{AB} + p_A \Delta \vec{OB} + p_B \Delta \vec{OA}$$

Il y a pénétration de A vers B ou de B vers A si : $p_A \neq p_B$. Plus profondément encore, nous avons : $\vec{f} = \rho \vec{MM'} \wedge (\vec{g} \wedge \vec{MM'})$, en renotant que : $\vec{g} = -\partial \vec{v}/\partial t$.

QUATRIEME DISCOURS

Dieu est-il découvrable par la physique ? Et qu'est-ce que Dieu en physique ?

*

La présence d'une chose en physique est saisie par rapport à un lieu de référence muni de graduateurs qui en font un système de référence. Le système de référence conserve la définition mais relativise les modes. Ainsi, le moment d'un évènement ou d'une chose par rapport à un système de référence, est sa présence sur les graduateurs, c'est-à-dire l'ensemble des mesures non nulles de l'évènement dans le système de référence.

Un système de référence est physique s'il est un indicateur variable de mesures, à savoir qu'il peut changer ou bouger. Ainsi, de façon générale nous avons un système de référence physique S, défini comme suit :

$$S = \begin{pmatrix} espace \\ temps \\ états \end{pmatrix}$$

Partant, un évènement ou une chose e est repéré ainsi : e ∥ S= $\begin{pmatrix} position \\ date \\ états \end{pmatrix}$

Pour simplification, nous écrivons : e ∥ S=$\begin{pmatrix} P \\ t+\theta_0 \\ (\Delta e,...) \end{pmatrix}$, à partir de : S= $\begin{pmatrix} (x,y,z) \\ t \\ (\Delta,...) \end{pmatrix}$

Où θ_0 est la date de référence, et où il faut distinguer les états physiques (les modes de présence notés : ∧ e), les états mécaniques (notés : Δe) et les états spécifiques (modes liés à la définition et notés :⟨e⟩). Donc précisément :

S=$\begin{pmatrix} (x,y,z) \\ t \\ (\wedge S, \Delta S, \langle S \rangle) \end{pmatrix}$, et : e ∥ S=$\begin{pmatrix} (x_S - x_e, y_S - y_e, z_S - z_e) \\ t + \theta_0 \\ (\wedge e \| \wedge S, \vec{A}_{e/S}, \langle e \rangle \| \langle S \rangle) \end{pmatrix}$

La présence de e par rapport à S n'est possible que selon la mesure :

$2\overline{e} \| S = |\overline{S} - \overline{e_S}| + \overline{S} - \overline{e_S}$, où : $\overline{S} = \|(x_S, y_S, z_S)\|$;

$\overline{e_S} = \|(x_S - x_e, y_S - y_e, z_S - z_e)\|$

Par rapport aux relations d'incertitude de Heisenberg, nous songeons aux interférences dans le sens qu'il y a compatibilité si : $\vec{A}_{e,e'/S} + \vec{A}_{S/e,e'} = 0$. De sorte que si cette relation n'est pas respectée, alors il se passe plutôt ceci :

$$\begin{cases} \vec{A}_{e,e'/S} + \vec{A}_{S/e,e'} = \vec{A}_{e/S} + \vec{A}_{S/\lambda e} \\ \vec{A}_{e/S} + \vec{A}_{S/\lambda e} = \Delta\vec{p}_e \wedge \vec{OM}_e = h(e^{i2\pi\lambda} - 1)\vec{rot}\vec{OM}_e \end{cases}$$

Où λ est le taux d'exactitude.

*

D'après le principe fondamental de la dynamique, il n'est pas acceptable de supposer le néant total avant l'existence de l'univers. Cela, par deux choses :

1°) dans le néant total, il n'y a de force nulle part, pour qu'il y ait des forces extérieures agissantes

2°) est-il possible d'exercer des forces sur le néant ?

La relation fondamentale de la dynamique préconise la préexistence nécessaire d'un agent (Dieu) pour accomplir l'existence de l'univers ; soit il a agi sur un chaos soit sur le potentiel primitif. L'Univers était encore confus ou dans la virtualité.

Le chaos primitif s'écrit : $K = \infty/\infty$; et le vide primitif (non le néant primitif) s'écrit : $\emptyset = 0/0$, où $m = 0$ et $V = 0$.

En effet, le vide physique est un état de virtualité. Aussi, avec à l'origine : $\sum \vec{F}_{ext} = \vec{F}_{divine}$ (volonté divine), nous avons :

1°) dans le cas du vide primitif, avec : cause= sujet×astreinte, selon la relation fondamentale, et selon la formule du travail : W(Dieu)=cause×parcours, nous avons le parcours :

$$\Delta\emptyset = \sum_{i=0}^{n} \frac{\partial}{\partial t}\left(\frac{\partial^2 q}{\partial x \partial y} + \frac{\partial^2 q}{\partial x \partial z} + \frac{\partial^2 q}{\partial y \partial z}\right)_i$$

; où q est une charge électrique, et où : $\frac{\partial^2 q}{\partial x \partial y} + \frac{\partial^2 q}{\partial x \partial z} + \frac{\partial^2 q}{\partial y \partial z} = \frac{D}{c^2}$, avec c la vitesse de la lumière, et D le stimulus de Dieu. D'où la formule :

$$\vec{F}_{divine} = \iiint \emptyset \vec{E} \partial t (\partial x \partial y + \partial x \partial z + \partial y \partial z)$$

La genèse est alors ici : W(Dieu)=$\vec{F}_{divine}\Delta\vec{\emptyset}_0\Delta\emptyset$.

2°) dans le cas du chaos primitif, la différentiation est faite selon le processus :

$$\begin{cases} \Delta K = \Delta\emptyset^{-1} \ (car, K = \emptyset^{-1}, pris\ en\ m^3/kg) \\ \vec{F}_{divine} = \sum_{i=0}^{n} \vec{rot} \int KD^2(\partial x + \partial y + \partial z)_i \\ W(Dieu) = \vec{F}_{divine}\Delta\vec{K}_0\Delta K \end{cases}$$

.

DERNIER DISCOURS

Plaider pour une nouvelle physique repose ici sur :

1) Le principe de référence (à quoi faut-il se référer ?)
2) Les limites de l'observation et de l'expérimentation
3) La relation fondamentale de la dynamique

*

Le principe de la référence est la double possibilité de la justesse et de l'erreur, du mensonge et de la vérité. Juger consiste à distinguer le pareil et le différent, le fidèle et l'infidèle. En physique, l'objet de référence ou le référentiel, n'est pas dissociable de l'étude et de l'évaluation. Plus encore, le Droit est un faisceau de référentiels qui existe en plus comme principe de référence, c'est-à-dire comme indicateur de référentiels. En effet, le principe de référence indique autoritairement à quoi se référer, ce qu'il faut prendre pour référence. Cela est très marqué dans les cas des autorités volontaire et doctrinaire. Par consensus ou par despotisme (autorités volontaires), et par expérience ou par projection (autorités doctrinaires), l'objet de référence est donné comme irrécusable.

Aussi, en physique théologique ou analogique, l'existence de Dieu, crue ou démontrée, établit la volonté et l'omnipotence divines comme des objets de référence. Dans la physique aristotélicienne et la physique sophiste qui sont projectives, le principe de référence est de faire de l'incompétence opposée l'objet de référence, l'incapacité de réfuter ce qui est dit par le savant ou le prêcheur. En physique expérimentale ou investigatrice, c'est l'expériment qui est établi comme l'objet de référence pour la définition. Elle constitue avec la physique théorique moderne, la physique positive, au sens où ici le phénomène est la source de sa définition et le lieu de sa description. En un mot, le principe de référence ici est l'autorité positive, qui préconise la référence directe, en préconisant la discrimination du faux et du vrai, de l'exact et de l'inexact, par référence directe aux phénomènes eux-mêmes.

Cette référence-là indique que toute chose est une combinaison d'absolu et de relatif, et donc que la communauté métrale n'est pas une exactitude. Par exemple, le travail a la même définition partout, mais il n'a pas la même unité de mesure partout, il n'a pas le contenu partout. Cela vaut d'ailleurs pour toute la mécanique : l'action d'une vitesse sur une surface n'a pas le même contenu que l'action d'une pomme pourrissante sur un vêtement en coton par exemple.

*

L'absolu est le lieu du relatif. Et même si l'observation et l'expérimentation rendent d'immenses services à la science, il faut leur enter l'expérience, le vécu, qui montrent que l'absolu n'apparaît que par ses modes. Autrement dit, une absence n'est énonçable que s'il a une teneur. Ainsi, l'on ne peut parler de l'invisible que s'il y a un contenu absent, une présence occultée. En d'autres termes : l'absence n'est pas vide ; nous y revenons tantôt. Or, l'observation et l'expérimentation isolent l'absence, l'ignore, alors que l'absence n'est qu'une mesure, la mesure nulle.

Tantôt, nous avons montré qu'un objet présent dans un système de référence est nécessairement absent dans un autre, car chaque système de référence est borné par un horizon ou seuil d'apparence, le vécu l'appuie. Aussi, il faut doubler le positivisme avec le dualisme, pour accéder au panorama par encyclopédisme. En clair, tout système de référence est nécessairement complémentaire d'un ou de plusieurs autres ; il existe nécessairement plusieurs référentiels distincts et complémentaires (ou concomitants) par rapport à n'importe quel évènement ; même un observateur peut être à lui seul un référentiel. Par exemple, ce qu'un individu voit, il le voit selon les graduateurs présents dans ses yeux.

*

La relation fondamentale de la dynamique indique l'antériorité nécessaire d'un agent et d'un sujet ou poste existants. Il apparaît là son incompatibilité avec le big bang et le néant primitif total, cas où le changement est nécessairement endogène.

Maintenant, imaginons une bille saine immobile sur une table roulante immobile et lisse à son plateau. Poussons cette table et la bille se met à reculer ; tirons la table et la bille se met à avancer ; donc, nous créons à la fois le mouvement de la table dans un sens et le mouvement de la bille dans le sens contraire, à partir de l'impulsion donnée à la table. Le mouvement de la bille est l'effet de la réaction de la table, elle-même faite nécessaire comme le montre universellement le vécu et l'expérience. Il apparaît par cette expérience que le néant n'est pas nécessairement vide.

Plaider pour une nouvelle physique revient donc à reposer la physique sur les bases suivantes :

1°) le phénomène est l'objet de référence pour sa définition

2°) le néant et l'absence ne sont pas vides

3°) chaque chose est une combinaison propre d'absolu et de relatif (chaque système de référence est nécessairement complémentaire d'un ou de plusieurs autre(s)).

FRONT THOUGHTS OF MATHEMATIC PHYSICS

FIRST CONTENTS

Here, we speak about the theory of the duality upon the following remarks:

i) the permanence of the definition of a thing
ii) the necessity of the relativity of the modes of a thing.

*

For the first remark, we remember that in a system of reference S, the position of a moving object is located as: $\partial s = (\partial x, \partial y, \partial z)$, with respect to space standard, and according to the space-time standard: $\partial s = (\partial x, \partial y, \partial z, c\partial t)$, where t is given by the clock linked with the system of reference.

In the system of reference S', the moving body is located as:

∂s' = (∂x', ∂y', ∂z', c∂t'). The difference is:

∂s - ∂s' = (∂x-∂x', ∂y-∂y', ∂z-∂z', c∂t-c∂t')

$\quad\quad$ = [∂ (x-x'), ∂ (y-y'), ∂ (z-z'), c∂(t-t')]

$\quad\quad$ = ∂(s-s')

$\quad\quad$ = ∂s''

$\quad\quad$ = (∂x'', ∂y'', ∂z'', c∂t'')

It is still a position; then, every position is defined as any other position, independently of any chosen space-time standard.

It is the same statement for any phenomenon. Every phenomenon is defined as: ρ=ρ×1. In S, ρ occurs as: ρ=ρ×1, but in S', it occurs as: ρ'=ρ'×1. The difference is: ρ-ρ'=ρ×1-ρ'×1=(ρ-ρ')×1, that is:

ρ-ρ'=ρ''=ρ''×1. Thus: the definition of a thing is unchanging or absolute; it is the same everywhere, independent of any system of reference.

*

For the second statement, let us write "ρ according to S" as: $\rho \parallel S$. Next, let us have: $\rho \parallel S'$. The calculation: $\rho \parallel$ S-ρ $\parallel$ S'=ρ $\parallel$ S-S', is wrong, because it is not compatible with the assimilation of two identical system of reference. Rather, experience and observation give or establish that: $\rho \parallel$ S-ρ $\parallel$ S'=ρ-ρ' $\parallel$ S-S'

At this far, we notice as well that, if: S=S', then: ρ=ρ'. More:

ρ×1 ∥ S-ρ×1 ∥ S'=(ρ-ρ')×1 ∥ S-S'

This result remembers us the conclusion of the precedent step. Here, we must notice that the permanence of the definition establishes the necessity of the variation of the occurring of the event with the changing of system of reference; otherwise, the occurring of a thing is necessarily specific according to a place of reference.

*

The outcome therefore is that: everything is a combination of stillness and modification.

It is the same thing for the speed; it can be defined in only one way, but it can occur in various aspects. Indeed: v ∥ S-v ∥ S' = v-v' ∥ S-S'

The speed of the light is only an aspect of the occurring of the speed; it cannot be still. Experience shows it much. Even in the vacuum, that speed cannot remain still with respect to two different system of reference. For example, let us consider the following figure in the vacuum:

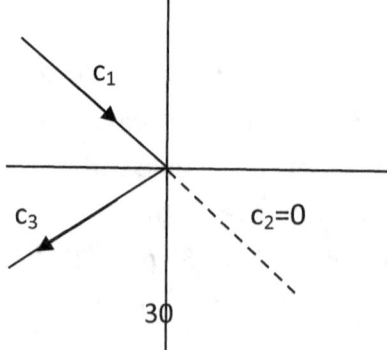

The ray of light arriving on the hindrance is reflected; from observation, the ray is first stopped and then deflected; by analysis, the ray is deflected because speed has the same definition everywhere.

Time also, as far it is a thing, is tied to the necessity of the relativity of its occurring or for its measure. For this matter, let us reconsider the following cases:

1) An external observer is looking at a passenger walking in a bus along the same direction. The speed of the passenger is V outside the vehicle and u inside; the speed of the bus is v and it is still; l is the distance covered by the passenger for the external observer, and s is the distance covered by the passenger in the bus; t is time outside the bus and θ is time inside. According to the relativistic remarks, we must write: $\begin{cases} \Delta l = l - s \\ \Delta \theta = \theta - t \\ \Delta V = V - v \end{cases}$ and therefore:

$\Delta^2 l = \Delta l - \Delta s = (V-v)\Delta t = \Delta V \Delta t$, and: $\Delta^2 l = -u\Delta^2\theta$. The further results are: $u\Delta\theta = (u + v - V)\Delta t$, then: $V = u+v-u\Delta\theta/\Delta t$

2) Here, two observers are moving apart each other; $\Delta^2 l = u\Delta\theta - v\Delta t$. After, considering that each observer moves at v speed and the other at u speed, we reach at: $\Delta^2 l = \Delta u \Delta t + u\Delta^2\theta = V\Delta t$, $\Delta u = u-v$.

The general principle of the relativity is as well that: permanence is the place of the change; that is: all the places of reference are independent for observation and equivalent for the definition of things.

Thus, when sir Newton sees an apple falling in his garden, and when a passenger in a bus sees a ball rolling aback when the bus lands off, they both perceive the same phenomenon in two different places or at two different occasions: the gravitation of the place. Seemly, when a clumsy boy falls from a tree, and when the passenger is pushed backwards when the bus lands off, they are both undergoing the same phenomenon: the gravitation of the place (the planet or the bus).

Indeed, when an object is moved, its movement is formulated as: $\partial s = v\partial t$, then: $\partial s = \partial(vt) - t\partial v$. When we proceed deeper, we reach at: $\partial s = \partial(vt) + gt\partial t$, where g is the gravity. In dynamics, the ride is:

$$\vec{\Gamma} = \int \vec{P} \partial t$$, where $\vec{P}$ is the momentum. Analyzing we reach at:

$$\partial \vec{\Gamma} = \partial(\vec{P}t) - t\partial\vec{P} = \partial(\vec{P}t) + \vec{P}t\partial t$$, where $\vec{P}$ is the weight created within the moving object; it is the relativistic weight.

This precedent remark makes us note that if Newton's theory of the universal attraction is considered, then, when the sun is at east, things must fall westwards, if it is at the zenith, things must fall downwards, if it is at west, things must fall eastwards, and when it is at the nadir, things must fall upwards. Aside, when we write:

$\vec{g}=-\partial\vec{v}/\partial t$, we find out that the Coriolis force is only the tangent component of the earth gravitation.

For the planets motion, let us base upon the remark that a tied set of masses is settled as: $\sum m_i \vec{G_i G} = 0$. When this set is moving, it moves around a center of curvature C so that:

$$\sum m_i \vec{GC} = \sum m_i \vec{G_i C}$$

. C is a common center of curvature. A way of using the relation above is to write for each element of the set: $m_i \vec{G_i C} = m_i d_i \vec{n_i}$, its virtual run, so that the planet moves both around the center of curvature and around itself if: md=Cte. That is if: the position of the planet around the center of curvature and its mass change contrarily.

There is a kinetic system if at least one of the following characters exists:

i) all the speed are equal in the same orientation
ii) all the centers of curvature are confounded.

The sun is the nearest astral body of the sun system around the center of curvature of the whole system.

SECOND CONTENTS

What is light? Where does it come from?

According to the advanced theories, the mass of an electron is: m=ev, with v its speed. The formula shows that electron is in motion when it exists. One according fact is that when the electron goes faster, it becomes more energetic and outstanding. The positron or the diamagnetic electron is: e$^+$=e, existing as: m=ev; and the negatron or the magnetic electron is e$^-$ exists as: m=-e$^-$v. According to the complementaristic analysis, movement occurs between from and wards, which are both extremities of the ride. When the rider is removing the movement is s and it is escaping, and when the rider approaches the movement is $\bar{s}$ and it is landing, so that: s+$\bar{s}$ =D.

Therefore: $v\partial t + v^-\partial t = \partial D$, with: $v=v^+$, the speed, and v^- the nearness. Along of that we notice that: $m=ev^-$, is as well correct. Then:

1) The mass increases when the speed increases; more, when we write: $E=ev^3$, the mechanical energy of the electron, and writing the intensity of the momentum as: $p^2=Eev=m^2v^2$, we find out that: $m^3=Ee^2$, and: $m^2=pe$. Farther, as far as a mass is considered as a sum of smaller masses as: $m=\sum m_i$, we outstand that: $m^3=(\sum m_i)^3=\sum m_i^3+...$; and at last: $m^3=Eq^2=F_cR_\alpha q$, E the inner energy, q the sum of inner electric charges, F_c the intensity of the strong interaction and R_α the radioactivity tied to the mass m. For the chemical dynamics therefore, we ought to agree that chemical reactions occur according to the sum of cubic exponent masses. For example, considering the production of water as:

$2H+O \xrightarrow{m_{H_2O}} H_2O$, and: $m_{H_2O}=m_{2H}+m_O$, the reaction happens if : $2m_H^2m_O+m_Hm_O^2=0$.

2) When a positron and a negatron collide, something happens as:

$m_1+m_2=e^+v_1^- - e^-v_2^- = e^+v_2^- - e^-v_1^-$; so: $e^+(v_1^-+v_2^-)=e^-(v_1^-+v_2^-)$, and with:

$$\begin{cases} e^-(v_1^-+v_2^-) = 2\sqrt[4]{hbe^3} = 2hv/c^2 \\ e^+(v_1+v_2) = 2\sqrt[3]{hei} = 2hv/c^2 \end{cases}$$

We get to: $hvi=be^2c^2$, where: $ec=\mu$, is the mass of the superelectron.

Along this second case, the relation between electricity and magnetism is known on the behalf the oscillator:

$$\Omega_\omega = \frac{a''}{a} + \frac{1}{a}\left(\frac{\partial a\omega}{\partial t} + a'\omega\right)j - \omega^2$$

Its influence D is given as: $\partial D = \Omega_\omega \partial d$, with d the distance to it. D is

structured as:
$$\begin{cases} \partial B = -\omega^2 \partial d & (magnetism) \\ \partial C = \frac{a''}{a}\partial d & (modulation) \\ \partial A = \frac{1}{a}\left(\frac{\partial a\omega}{\partial t} + a'\omega\right)j\partial d & (electricity) \end{cases}$$

Therefore: $\partial D = \partial A + \partial B + \partial C$. The lonely magnetic field as a magnet exists when: A=0. Electromagnetic phenomena are henceforth integer phenomena.

It rises to be then noticed that light is the highest edge of an excitation where it occurs. But is it a ray of particles or wave propagation?

Three phenomena will lead us through:

i) the double phenomenon of reflection and refraction of the light
ii) the immediately disappearance of the light with the disappearance of its source
iii) the diminution of the intensity of the light with the increment of the distance.

The double phenomenon told above must be explain within the general case of the double diffraction that occurs when a mass in motion enters a substance or hits a hindrance. In fact, there sets out both action and reaction, as it always happens when there is a contact. Diffraction or deflection is occurring as the effect of the reaction, as well as codiffraction or refraction occurs as the effect of the action exerted on the hindrance or on the hosting substance.

Mathematically, the ride is $\vec{r}$. When contact occurs: $\Delta \vec{r} = \vec{r}' - \vec{r}$, and : $\vec{A}_{M/\Omega} = -\vec{A}_{\Omega/M}$ (the action of the moving body on the hindrance). Now: $\Delta^2 \vec{r} = \Delta \vec{r}' - \Delta \vec{r} = \Delta \vec{p} \Delta t$. The causal relation is written as: $\Delta^2 \vec{r} \equiv \vec{A}_{\Omega/M}$. And where $\vec{A}_{M/\Omega}$ is gone? Still by the causal relation: $\vec{A}_{M/\Omega} \equiv -\Delta^2 \vec{r} = \Delta[\rho S \vec{N} e \Delta e]$, where S is the surface of contact, e the thickness of the hindrance, ρ the ratio of mass in the volume of the hindrance or the hosting substance, and $\vec{N}$ the normal of the surface hit.

We can figure the scene like this:

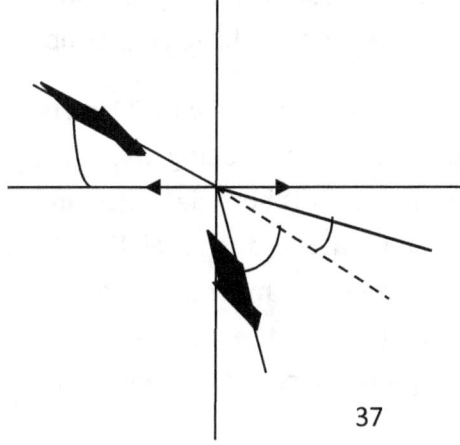

Those phenomena indicate in fact this general phenomenon: the interdiffraction, that is: whenever a body enters a substance or hits a hindrance, it is deflected or repelled because of the reaction created.

With: $\Delta^2 \vec{\Gamma}_M \equiv \vec{A}_{\Omega/M}$, and then: $\Delta^2 \vec{\Gamma}_\Omega \equiv \vec{A}_{M/\Omega}$, here comes:

$$\Delta^2 \vec{\Gamma}_M + \Delta^2 \vec{\Gamma}_\Omega = 0.$$

The diminution of the intensity of the light with the distance indicates that light does not move rightwards; it moves as projected water. The curvature is mathematically calculate with the constant of Planck h taken as the intensity of a kinetic moment. But the formulated motion of a photon does not allow it, because it would be necessary to write: $h\lambda = hd\sin\alpha$. Rather, we have to write: $h = p_\lambda d\sin\alpha = m_\lambda d^2 \omega$, where m_λ is the waving mass and ω is the digressing; $m_\lambda = \rho S \lambda$, $\omega S m_\lambda = 2\pi h$, ρ is the ratio of mass in the volume of the substance in contact with the source of the light, and S is the surface of contact. With: $p_\lambda = m_\lambda v_\lambda = m_\lambda c$, we have : $m_\lambda S c \sin\alpha = 2\pi h d$.

All those precedent remarks explain the wonder of Descartes seeing that when a bullet is shot in water, it is only being deflected, whereas light entering the same water is both deflected and refracted. We can only understand that as the revelation that light rides through a conducting substance as: $h\nu = m_\lambda c^2$, according to that the radioactivity of the lighting source at the frequency f is transmitted to the neighboring substance at the frequency ν, so that a discontinuous undulation is produced, and λ=c/v, is the length of the wavelet (the particle of wave created), ε=c/f is the amplitude of vibration of the source, and δ is the distance between two successive wavelets so that: fδ=εv. Light rides waveletly. In order to formulate the total energy E of the source for each period, we notice that: hf=kθ, with k the constant of Boltzmann and θ the causing temperature, then: $E = h\sqrt{f^2 + v^2} = c\sqrt{ekc\theta}$.

THIRD CONTENTS

Is action possible without contact?

Following the characteristics of a force: point of application, sense, direction and intensity, it appears unlikely that action happens without contact.

Likely, to act faces the necessity to contact the subject, first by pressure. In Pascal sense, pressure is the application of force on surface. Mathematically we write: p=-F|cosθ|/S, with θ as the direction of the force according to the direction of the normal of the surface. When: cosθ=0, the pressing actor slides. There is penetration along according to: -p, sharpness, as: Fh=pV, with h as the height of the penetration and V the removed volume.

When A acts on B, this happens:

$$\begin{cases} \vec{F}_{A/B} = p_{A/B} S_B \vec{N}_B \\ \vec{F}_{B/A} = p_{B/A} S_A \vec{N}_A \end{cases}$$

Then: $p_{A/B} S_B = p_{B/A} S_A$.

There is a constraint if the pressure increases. There is efficiency when the pressure decreases within the action. In every case pressure changes this way: $\partial p = \rho \Omega_w \partial S$. Deformation is hence necessary; waving, wrinkles, collapses, digs and so one are formed accordingly to the equation of the modification of the pressure written earlier.

Thus depression and merely the change of the pressure is linked to the fundamental relation of dynamics like this: $\sum \vec{F}_{ext} = \Sigma \vec{N}_i p_i S_i$, and: $\Delta E_c = \sum \vec{F}_{ext} \Delta \vec{OM} = \Delta p \Delta V$; now: $\Delta V = S\vec{N} \cdot \Delta \vec{OM}$, is the displaced volume ; therefore : $\sum \vec{F}_{ext} = \vec{N} S \Delta p$.

For a running body which mass is m, we find out that with:

$$\Delta m = \rho \Delta V + V \Delta \rho + \Delta \rho \Delta V,$$

$\Delta p \Delta m = \rho \Delta E_c - \frac{1}{2} \rho m \Delta v^2 = i^2 \partial v / \partial t$, where i is the electric current, and implicitly the kinetic pressure: $-\frac{1}{2} \rho v^2$. This one is well different of the friction which is the displacement of the pressure. When pressure moves along $\vec{AB}$, the friction is: $\vec{f}=p\vec{AB}$.

For thermodynamics, we go from Δm for:

ΔpΔm=ρ(ΔE$_c$-ΔQ-ΔQΔE$_c$/VΔp), where Q is the heat. And considering temperature, noticed θ, experience teaches that: ΔQ=ΔθΔV, as far as temperature behaves like pressure.

*

Then, how to understand attraction and the other remote actions?

Projection and mediation come immediately in mind. When the transmission of impel is not continuous (as with a lasso or a chord for example), it only directs us towards the emitted action, we write: p=$\vec{F}_{emitted}/(\vec{SN})_{reached}$.

Formally, the emitted object is a teletactical charge. But both for the transitive teleaction and the emitting teleaction, we write i and j for teletactical charges (or demands), P$_m$ for any position mentioned. Therefore, when the emitting teleaction is concerned, we have: $iP_1\vec{P}_m = jP_m\vec{P}_n$. When the transitive teleaction is concerned: $iP_1\vec{P}_2 + iP_2\vec{P}_m = jP_m\vec{P}_n$, then:

$iP_1\vec{P}_2 + (i+j)P_2\vec{P}_m = jP_2\vec{P}_n$. Necessarily i changes so that: $iP_1\vec{P}_m = \Delta i P_m\vec{P}_n$.

There is attraction when: $iP_1\vec{P}_2P_1 = (i-j)P_1\vec{P}_2$. We see j emerges as a hidden charge in the process or as a created charge. Indeed, as we seized that: j=i+Δi, earlier implicitly, we have to admit that: $iP_1\vec{P}_2P_1 = \Delta i P_2\vec{P}_1$. This result shows that whatever the remote action is, the teletactical charge changes necessarily when it is a component of the action.

There is interaction when: $iP_1\vec{P}_2 = jP_2\vec{P}_1$.

*

The sum of pressures is a pressure. Thus: $\sum p_i = p_{\Sigma i}$; and for example: $p_A + p_B = p_{A+B}$. But the difference of two pressures is the opposition of a depression and a constraint, to be for us more accurate in the statement that in one side we have a pressure and in the opposite side we have a sharpness tendency.

Generally, using friction formula like this: $\begin{cases} \vec{f}_A = p_A \Delta \vec{OA} \\ \vec{f}_B = p_B \Delta \vec{OB} \end{cases}$ we notice that: $\vec{f}_A + \vec{f}_B = (p_B - p_A)\Delta \vec{AB} + p_A \Delta \vec{OB} + p_B \Delta \vec{OA}$.

There is penetration from A to B or from B to A if: $p_A \neq p_B$. Deeply we have: $\vec{f} = \rho M\vec{M}' \wedge (\vec{g} \wedge \vec{MM'})$, reminding that: $\vec{g} = -\partial \vec{v}/\partial t$.

FOURTH CONTENTS

Is God a mystery for physics? And what is He for physics?

*

The presence of a thing in physics is seized according to a place of reference set with standards of measurement which make it to be a system of reference. The system of reference keeps the definition of a thing but changes its modes. Thus, the mode of a thing according to a system of reference is its presence on the standards of measurement tied to the system. Otherwise, the appearance of the thing in the system of reference is the set of its noticed measures in the system.

A system of reference is a physical system if it can change or move. Thus, generally, a physical system of reference S is defined as: $S = \begin{pmatrix} space \\ time \\ states \end{pmatrix}$

Therefore, an event e is located as: $e \parallel S = \begin{pmatrix} position \\ date \\ states \end{pmatrix}$

In order to simplify the formulations, we write: $e \parallel S = \begin{pmatrix} t + \theta_0 \\ (\Delta e, ...) \end{pmatrix}^P$,

along that: $S = \begin{pmatrix} (x,y,z) \\ t \\ (\Delta, ...) \end{pmatrix}$, where θ_0 is the time of reference, and where we must distinguish physical states (the style of the presence noted: $\wedge e$); mechanical states (noted: Δe), and the specifically states (styles according to the definition, and noted: $\langle e \rangle$).

So, precisely we write: $S = \begin{pmatrix} (x,y,z) \\ t \\ (\wedge S, \Delta S, \langle S \rangle) \end{pmatrix}$, and: $e \parallel S = \begin{pmatrix} (x_S - x_e, y_S - y_e, z_S - z_e) \\ t + \theta_0 \\ (\wedge e \parallel \wedge S, \vec{\Delta}_{e/S}, \langle e \rangle \parallel \langle S \rangle) \end{pmatrix}$

The presence of e referred to S is possible only through the following measure:

$$2\vec{e} \parallel S = |\overline{S} - \overline{e_S}| + \overline{S} - \overline{e_S}, \text{ where: } \overline{S} = \|(x_S, y_S, z_S)\|;$$

$$\overline{e_S} = \|(x_S - x_e, y_S - y_e, z_S - z_e)\|$$

Thinking of the relations of uncertainty of Heisenberg, we think about some interference. Indeed, there is compatibility if:

$$\vec{A}_{e,e'/S} + \vec{A}_{S/e,e'} = 0.$$ But when this relation is not available, there is change like this:

$$\begin{cases} \vec{A}_{e,e'/S} + \vec{A}_{S/e,e'} = \vec{A}_{e/S} + \vec{A}_{S/\Lambda e} \\ \vec{A}_{e/S} + \vec{A}_{S/\Lambda e} = \Delta \vec{p}_e \wedge \vec{OM}_e = h(e^{i2\pi\lambda} - 1)\vec{rot}\vec{OM}_e \end{cases}$$, where λ is the coefficient of accuracy.

*

The fundamental relation of dynamics forbids drawing the whole universe from the total nil. Two ways open to it:

1°) in the total nil, there is no force anywhere so that some external force could exist

2°) is it possible to exert any force on the nil?

The fundamental relation settles that at the very beginning, there was already existing an actor-to-be (God) and a subject-to-be (the primitive chaos or the primitive vacuum).

The primitive chaos is formulated as: K=∞/∞; the primitive vacuum (different of the primitive nil) is formulated: Ø=0/0, where m=0 and V=0. Indeed, the physical vacuum is a case of unappearance. Hence

at the beginning, with: $\sum \vec{F}_{ext} = \vec{F}_{divin}$, and:
cause=subject×assignment, according to fundamental relation, and:
W(God)=cause×run, according to the formula of work, we obtain:

1°) when the primitive vacuum is concerned, the run of the cause
(God indeed) is:
$$\Delta\emptyset = \sum_{i=0}^{n} \frac{\partial}{\partial t}(\frac{\partial^2 q}{\partial x \partial y} + \frac{\partial^2 q}{\partial x \partial z} + \frac{\partial^2 q}{\partial y \partial z})_i$$
; q is an electric charge, and:

$\frac{\partial^2 q}{\partial x \partial y} + \frac{\partial^2 q}{\partial x \partial z} + \frac{\partial^2 q}{\partial y \partial z} = \frac{D}{c^2}$, where c is the speed of the light and D the stimulus of God. Whence:
$$\vec{F}_{divin} = \iiint \emptyset \vec{E} \partial t (\partial x \partial y + \partial x \partial z + \partial y \partial z)$$

The genesis is then: W(God)=$\vec{F}_{divin} \Delta\vec{\emptyset}_0 \Delta\emptyset$.

2°) when the primitive chaos is concerned, differentiation happens as:

$$\begin{cases} \Delta K = \Delta\emptyset^{-1} \text{ (since, } K = \emptyset^{-1}, \text{measured in } m^3/kg) \\ \vec{F}_{divin} = \sum_{i=0}^{n} \vec{rot} \int KD^2(\partial x + \partial y + \partial z)_i \\ W(God) = \vec{F}_{divin} \Delta\vec{K}_0 \Delta K \end{cases}$$

LAST CONTENTS

To ask for new physics lays on:

1) the principle of reference (what is necessarily the reference?)
2) the limits of observation and experimentation
3) the fundamental relation of dynamics.

*

The principle of reference is the double possibility of accurateness and error, lie and truth, or wrong and right. To judge consists on distinguish the same and the different, the fair and the unfair. For physics, the reference standard or the system of reference is not dissociable of examination and measurement. Moreover, Law is a set of criteria which equally exists as a principle of reference that is, as an indicator of reference standards. It is outstanding with voluntary and doctrinal authorities. By consensus or despotism (voluntary authorities), by experience or aiming (doctrinal authority), the reference standard is given as necessarily dependable.

Else, for analogical or theological physics, the existence of God, suggested or demonstrated, establishes the will and the overall supremacy of God as the reference standards here. With specious physics and with the physics of Aristotle, which are presumptive, the principle of reference establishes the incapacity to refute as the reference. For experimental physics, which is analytical, the constant result is the reference for the definition of the investigated phenomenon. Here, the physicist is bent to refer himself to the phenomenon for its definition and to describe it. In one word, the principle of reference here is the positive authority that is, the discrimination of right and wrong by the phenomena themselves. The style of the judgment here is the direct reference; the phenomena are the judges for the accuracy of physics.

This kind of reference gives that everything is both constituted of absoluteness and relativity, so that a unique or a universal standard of measurement for a same phenomenon is not quite accurate. For example, work has the same definition everywhere, but not the same contents everywhere. For mechanics in general for example, the action of the speed on a surface does not concern the contents of the action of a spoilt apple on a cotton cloth.

*

Absoluteness or permanence is the place of relativity or changing. And even if observation and experimentation bring in tremendous available results for science, common experience and living are to be also considered as sources of science, as far as they also show that the permanent part of a thing always appears through his aspects. Otherwise, absence is always absence of something. For example, the unseen is suspected behind the apparent world because it is a case of absence. But experimentation and observation ignore absence, whereas it is only a measure.

Previously, we have been able to seize how an object can both be present in a system of reference and be necessarily absent in another system of reference. Living shows that a system of reference is bounded by an edge of appearance. Hence, we have to double positivism with dualism, in order to stand in a panoramic holding (encyclopedism). Clearly, each system of reference is necessarily complementary to one or several other systems of reference. Otherwise, there necessarily exist several and complementary (simultaneous) system of reference for any event. Even the single observer can be considered or established as a system of reference. For example, somebody sees; but he sees as same as if his eyes are set with a graduator.

*

The fundamental relation of the dynamics stipulates the necessity of the preexistence of at least one actor-to-be and the presence of a subject-to-be. This relation appears therefore incompatible with the big-bang theory and with the idea of a primitive and total nil, because in those cases the motor must be in the nonexistence or in the source itself.

Actually, let us imagine a fine marble at rest on a rolling table at rest also and smooth at its upper surface. Let us push this table or pull it; when we push it, the marble moves backwards; and when we pull it, the marble moves frontwards. We observe a double creation, as we produce simultaneously the movement of the table in one sense and the movement of the marble in the opposite sense. The movement of the marble is the effect of the reaction of the table.

Therefore, to ask for new physics consists of basing physics on that:

1°) the phenomenon is the reference for its definition

2°) the nil and the absence are not empty

2°) everything is a combination of permanence and fleeting (every system of reference is necessarily complementary to one or several other(s)).

www.ingramcontent.com/pod-product-compliance
Lightning Source LLC
Chambersburg PA
CBHW081751170526
45167CB00009B/3997